哈哈哈！有趣的动物（第三辑）

# 森林里的动物

〔法〕蒂埃里·德迪厄 著

大南南 译

CNS 湖南教育出版社

·长沙·

谁害怕大灰狼？
不是我们，不是我们……
谁害怕大灰狼？
不是我们，不是我们……

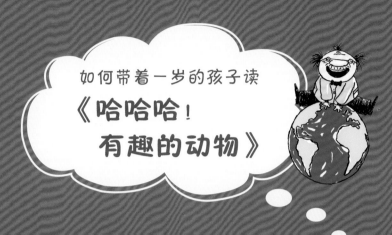

如何带着一岁的孩子读
《哈哈哈！
有趣的动物》

一岁的孩子就能读科普书？

没错，因为这是永田达爷爷特别为低龄小朋友准备的启蒙科普书。家长们会发现，这本书的文字量很少，画面传递的信息非常精简，但是非常有趣，特别适合爸爸妈妈跟孩子进行亲子阅读。

赶紧和孩子一起打开这本《森林里的动物》，跟着永田达爷爷一起来观察吧！

翻开书之前，可以先问问孩子认识哪些动物是生活在森林中的；他最喜欢的是哪种动物，为什么；猫头鹰是白天睡觉还是晚上睡觉。告诉孩子：黄鼠狼非常臭，可能比一个人一个星期不洗澡还要臭；啄木鸟又被叫做"森林医生"，它能帮大树抓虫子；熊整个冬天都在睡觉，有很多动物都是这样的，这叫做"冬眠"。指着图片问一问孩子，大灰狼和狐狸长得是不是很像？它们有什么不同？合上书之后，还可以给孩子讲一讲小红帽和大灰狼的故事。

图书在版编目（CIP）数据

哈哈哈！有趣的动物. 第三辑. 森林里的动物 /（法）蒂埃里·德迪厄
著；大南南译. —长沙：湖南教育出版社，2022.11
ISBN 978-7-5539-9286-0

Ⅰ.①哈… Ⅱ.①蒂… ②大… Ⅲ.①森林动物–儿童读物 Ⅳ.①Q95-49

中国版本图书馆CIP数据核字（2022）第190675号


First published in France under the title:
Des bêtes qui partagent la forêt avec le loup
Tatsu Nagata
© Éditions du Seuil, 2008
著作权合同登记号：18–2022–215

HAHAHA! YOUQU DE DONGWU  DI-SAN JI SENLIN LI DE DONGWU
## 哈哈哈！有趣的动物 第三辑　森林里的动物

责任编辑：姚晶晶　陈慧娜　李静茹
责任校对：王怀玉
封面设计：熊　婷
出版发行：湖南教育出版社（长沙市韶山北路443号）
电子邮箱：hnjycbs@sina.com
客服电话：0731-85486979
经　　销：湖南省新华书店
印　　刷：长沙新湘诚印刷有限公司
开　　本：787 mm×1092 mm　1/16
印　　张：1.75
字　　数：10千字
版　　次：2022年11月第1版
印　　次：2022年11月第1次印刷
书　　号：ISBN 978-7-5539-9286-0
定　　价：95.00 元（共5册）

本书若有印刷、装订错误，可向承印厂调换。